続・地震予報は可能

吉岡良雄 著

JN121840

ブックコム

まえがき

　初版 "地震予報は可能"（ブックコム）の校了後，2022 年 3 月 16 日深夜，福島沖を震源地とする $M6.3$ および $M7.3$ の大地震が発生し，東北新幹線が脱線するなど多くの被害が出た。初版では，主にスポラディック E 層の振る舞いの仮説を検証することに重点を置いて，2022 年 2 月中旬までの観測データを用いて説明してきた。このため，3 月 16 日深夜の福島沖地震の前兆現象は観測されていなかった。2 月中旬以降の観測データを解析した結果，3 月 7 日頃からこの地震の前兆現象が始まったようである。そこで，再度 2021 年 1 月頃からの観測データについて，1 時間毎に設定レベルを超えた分数で表すと，前兆現象が浮かび上がり，解析してみた結果 $M6.0$ を超える地震であれば前兆現象を検出できることが分かった。

　本書は，初版 "地震予報は可能"（ブックコム）の続編として，串田氏の経験則を基に筆者が開発した観測システムによる観測データの解析結果例を中心に記述する。まず，第 1 章は，串田氏の経験則を基にした前兆現象パターンと関係式，予測方法を示す。第 2 章では著者が開発した観測システムの構成と初版で述べた前兆現象の仮説を示す。第 3 章以降においては，2021 年 3 月以降発生した $M6.0$ を超える地震を取り上げ，前兆現象の開始日時および極大日時から地震発生日時や地震の規模を推定することを試みる。すなわち，第 3 章では，検知可能領域内の地震である宮城沖地震を取り上げ，地震発生日時などについての推定を試みる。第 4 章では，検知可能領域の境界で発生した 2022 年 3 月 16 日の福島沖地震 $M7.3$ を取り上げて，前兆現象等の解析および総時間数解析について示す。第 5 章では，福島沖地震 $M7.3$ 後について，時系列的に次の地震発生日時等の予測を試みる。第 6 章では，遠方で起きる地震の前兆現象における雑音の VHF 帯電波がス

ポラディック E 層による反射によって観測できることを示す。第 7 章では，2021 年 3 月以降発生した $M6.0$ 以上の地震について，本書で示す解析方法によって前兆現象の解析を進める。

　以上，本書は初版で示した観測データについて，1 時間毎に設定レベルを超えた分数で表すことによって，前兆現象が浮かび上がり，前兆現象を容易に検出できることを示したものである。これによって，大地震発生の地震予報が進むことを期待する。

2022 年 5 月末　著者

目 次

1.　はじめに

　地震予報についての筆者の動機付けについては，初版 "地震予報は可能"（ブックコム）で詳しく述べた。本書は，主に観測データを中心に前兆現象を解析し，地震予報をより確実なものにすることを目的としている。そこで，ここでは，著者が開発した観測システムで取得した観測データを解析するために，串田氏の経験則を基に，前兆現象のパターンと関係式，地震発生日時等の推定方法を示し，本書の目的を述べる。

1.1　前兆現象のパターン

　まず，大地震の前兆現象（電磁気現象）は，大地震発生前に断層面において岩石などの圧縮や破壊が起こり，これによって大きな電流および電圧が発生して周囲に様々な影響を与え，地電流異常 や 雑音電波（付録 A）などを引き起こす。そして，地電流異常は電離層（特に，スポラディック E 層）にも影響を与える。

　大地震の前兆現象の標準形パターン（付録 B 図 B.1 参照）は，図 1.1 のように前兆現象の開始，極大，収束，地震発生と表すことができる。そして，種々の観測結果（串田氏の経験則[1]）から，次の関係が求められている。

$$T_{fap} : T_{map} = 20 : 13, \quad T_{fap} : T_{pp} = 6 : 1, \quad T_{map} : T_{pp} = 3.9 : 1$$

図 1.1 に示すように，前兆現象の開始時刻を t_s，極大時刻を t_m，収束時刻を t_e，地震発生時刻を t_x（未知）とおけば，次の関係式を得る。

$$T_{fap} = 6 \cdot T_{pp} = t_x - t_s, \quad T_{map} = 3.9 \cdot T_{pp} = t_x - t_m, \quad \longrightarrow$$

---

[1]　串田嘉男："地震予報"，PHP 新書，2012.11。

$$T_{fap} - T_{map} = 2.1 \cdot T_{pp} = t_m - t_s, \quad \longrightarrow \quad T_{pp} \approx 0.476 \cdot (t_m - t_s),$$

$$T_{fap} \approx 2.857 \cdot (t_m - t_s), \quad T_{map} = 1.857 \cdot (t_m - t_s)$$

従って，前兆現象の観測データから開始時刻 t_s および極大時刻 t_m を正確に求めることができれば，収束時刻 t_e を正確に求めることができなくても，地震発生時刻 t_x を予測できる。すなわち，極大時刻 t_m から $T_{map} \approx 1.857 \cdot (t_m - t_s)$ [hour] 経過した時刻が地震発生時刻 t_x となる。第 3 章以降の大地震前兆現象の解析例から分かるように，他の地震の前兆現象と重なって，収束時刻 t_e を正確に推定することは困難である。なお，前兆現象の 総時間数 T_e は経過時間ではないので，$T_e \neq t_e - t_s$ である。また，付録 B 図 B.2 に示すように，前兆現象パターンの極大がまれに二つの山の谷間になることもある。

　さらに，前兆開始後または収束前における日々の観測において，前兆現象出現のパターンはほぼ同じである。すなわち，日単位でほぼ周期的に前兆現象が出現する。このことから，1 日の前兆現象の開始時刻または終了時刻が地震が起こる時刻と推定できる。なお，次章以降において，時刻を日時で表す。

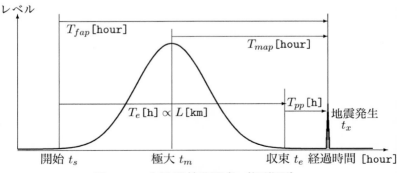

図 1.1　大地震前兆現象（標準形）

1.2   地震規模の予測

地震の大きさ（マグニチュード）M と 破壊断層面 の長さ L[km] との間には，$\log_{10} L \approx 0.5 \cdot M - 1.9$ の関係がある。例えば，$M5.0$ で $L \approx 3.98$[km]，$M6.0$ で $L \approx 12.59$[km]，$M7.0$ で $L \approx 39.81$[km]，$M8.0$ で $L \approx 125.89$[km]，$M9.0$ で $L \approx 398.11$[km] のようになる。また，前兆現象が観測された 総時間数 T_e[hour] は，破壊断層面 の長さ L[km]^2 に比例する。すなわち，$T_e \approx a \cdot L$ である。従って，地震の大きさ M の推定値は次式で求められる。

$$M \approx \frac{\log_{10}(L) + 1.9}{0.5} \approx \frac{\log_{10} T_e - A + 1.9}{0.5}$$

ここで，a は 比例定数 であり，$A = \log_{10} a$ である。串田氏の経験則では $T_e \approx L$（$A = 0$）としている。従って，地震規模が $M5.0$ や $M6.0$ の場合の前兆現象総時間数 T_e は，それぞれ 3.98[hour] および 12.59[hour] となり，前兆現象を捉えることは難しい。比例定数 a が 5 倍程度であれば，$M6.0$ の場合 $T_e \approx 63$[hour] であり，3 日程度の前兆現象となるので，何とか前兆現象として捉えることが可能である。そこで，本書では $M6.0$ を超える地震について解析を進める。

1.3   本書の目的

筆者が開発した大地震の前兆現象観測システムはまだまだ発展途上であり，多くの観測経験から地震予知可能な経験則を導き出す必要がある。そこで，本書は，2021 年 3 月以降 $M6.0$ を超える大地震について，前兆現象の開始日時と極大日時から地震発生日時の推定，地震の規模の推定を試みる。この場合，取得した観測データについて，1 時間毎に設定レベルを超えた分数を求めたグラフにすると，前兆現象が浮かび上がり，容易に前兆現象を捉えることができる。

2　破壊断層面 の幅は前兆現象の強さに比例する。

　第 2 章は筆者が開発した観測システムの構成と観測データ例，および前兆現象における スポラディック **E** 層 の振る舞いの仮説を説明する。第 3 章は，ターゲット FM ラジオ放送局の放送電波による検知可能領域内の地震である宮城沖地震の解析例を示す。第 4 章は，検知可能領域の外側ぎりぎりの場所で発生した 3 月 16 日の福島沖地震 *M*7.3 の解析例を示す。第 5 章は，3 月 16 日に起きた福島沖地震 *M*7.3 後 1 週間単位の時系列で地震発生日時および地震の規模の推定を試みる。第 6 章は，スポラディック E 層の（弱）攪乱によって， FM 電波雑音の上昇による遠方地震の前兆現象の解析例を示す。第 7 章は，その他 *M*6.0 を超えた地震について，前兆現象の解析を試みる。

　なお，2021 年 3 月から 2022 年 2 月までの *M*6.0 を超える大地震については，初版 "地震予報は可能"（ブックコム）と重なるが，本書では 1 時間毎に設定レベルを超えた分数を求めたグラフによって，前兆現象の開始日時と極大日時から地震発生日時の推定，地震の規模の推定を容易に行うことができる。また，付録には，雑音解析，串田氏の経験則による前兆現象パターン，検知可能領域，および 2021 年 2 月以降に発生した *M*5.0 以上の地震について示した。

2.　観測システム

　筆者は，スポラディック E 層の振る舞いの仮説を確認するため，マイクロプロセッサ MC6809B を用いて，地震予知観測のための フロントエンド を作成し，NHK FM 函館放送局（87[MHz]，250[W]）をターゲットに前兆現象の観測を継続している。本章では，地震前兆現象の観測システムの構成とスポラディック E 層の振る舞いの仮説について説明する。

2.1　観測システム作り

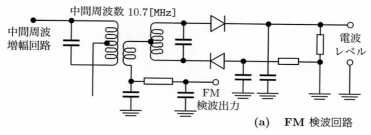

(a)　FM 検波回路

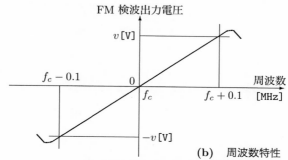

(b)　周波数特性

図 2.1　FM 検波回路とその周波数特性

　まず，開発した観測システムは，図 2.1 に示す FM ラジオ受信機の FM 検波回路の電波レベルを **AD 変換**[1] して，図 2.2 に示すように，並列ポート PIA[2]（MC6820B）を利用しマイクロプロセッサ MC6809B に NMI[3] 割り込みによって取り込む観測システムを製作した。この NMI 割り込みは 1 秒間に 4,885 回であり，1 分間分を加算した（積分した）4 バイト分の上位 2 バイト分をメモリ（32 KB RAM[4]）に蓄積する。これによって約 1 週間分を蓄積することができる。この 1 週間分のデータをパソコン（PC）に ダウンロード して，種々の処理を行う。ここで，古いマイクロプロセッサ MC6809B を利用した理由は，LSI 類などの部品が十分揃っており，開発環境も整っているので，システム開発が短時間で行えるからである。

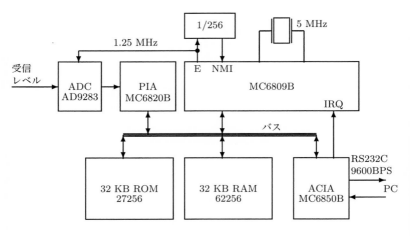

図 **2.2**　観測システムの構成

---

[1]　ADC: Analog Degital Converter
[2]　周辺 LSI，　PIA: Peripheral Interface Adapter (MC6820B),
　ACIA: Asynchronous Communications Interface Adapter (MC6850B).
[3]　NMI: Non–Maskable Interrupt（マスク不可能割り込み）
[4]　メモリ，　RAM: Random Access Memory, ROM: Read Onry Memory.

2.2　観測データ例

　この観測システムを利用して得られた 1 日の観測データ例を図 2.3 に示す。図において，スポラディック E 層の擾乱がなく，かつターゲット FM 放送局からの電波放射がないときの雑音レベルが 350 となる。実際の値は 350×2^{16} である。そして，410 までがうねりレベルであり，430 以上が放送波受信レベルとなる。ここで，うねり は，串田氏の前兆現象での表現である。このうねり現象は，FM ラジオ受信機の自動周波数制御[5] によって起こる現象であり，異なる特性の FM ラジオ受信機ではうねりの周期が異なる。また，図の左側には，受信機の電波入力と受信機の出力レベルの関係を示した。FM ラジオ受信機では，周波数偏移による変調であるため，FM 放送波を受信した場合，中間周波数増幅回路は一定出力になるような リミッタ増幅回路 になっている。なお，AM ラジオ受信機の中間周波数増幅回路では，電波入力に対して線形に増幅する必要がある。

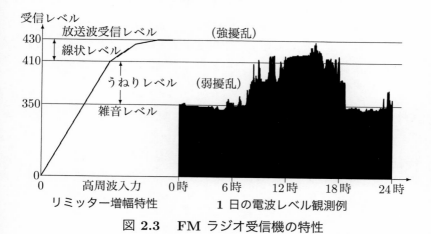

図 2.3　FM ラジオ受信機の特性

---

[5] AFC: Automatic Frequency Control，FM 受信機において，FM 検波電圧が上または下に偏るとその検波出力をゼロに戻どそうとする制御（図 2.1 参照）

2.3   前兆現象の仮説

筆者は，大地震前兆現象観測システムを製作し，NHK FM 函館放送局（87[MHz]，250[W]）をターゲットに観測を行っている。図 2.4 および図 2.5 に示す 1 日の観測データから分かるように，初版で示したスポラディック **E** 層[6]（SpE 層）の振る舞いの 仮説 をまとめると，以下のようになる。

(1) SpE 層は，地電流などの影響によって 弱擾乱 がほぼ常態化している。このとき，強い VHF 帯電波は通過する。

(2) 弱擾乱状態が起こっていないとき，または弱擾乱状態でもターゲット FM 放送局の電波放射がないとき，図 2.4（夏場）の雑音レベルは 320，図 2.5（冬場）では 350 である。そして，弱擾乱状態においてターゲット FM 放送局の電波放射があると，図 2.6 に示すように，弱電波の散乱によって受信レベルが雑音レベルから約 30（約 1 割）上昇し，それぞれ 350 および 380 となる。

(3) SpE 層は地電流との相互作用によって擾乱が増加し，ターゲット FM ラジオ放送局電波の 散乱波（または，反射波）が増加する。ここで，強擾乱（図 2.6 において 430 以上）になると放送内容が分かるようになる。

(4) （弱）擾乱状態の SpE 層において，雑音パルスの VHF 帯電波（弱い電波）を反射する（第 6 章参照）。

なお，図 2.4 および図 2.5 における縦軸の受信レベルは，FM ラジオ受信機の性能によって決まる。従って，異なる性能の受信機間での受信レベルの比較はできない。

---

[6] 地上約 100 [km] 上空に 30 [MHz] 〜 150 [MHz] の VHF 帯電波を反射する電離層であり、太陽活動が活発なときなどに発生する。

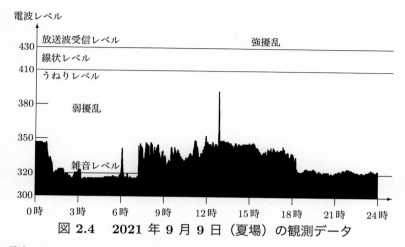

図 2.4　　2021 年 9 月 9 日（夏場）の観測データ

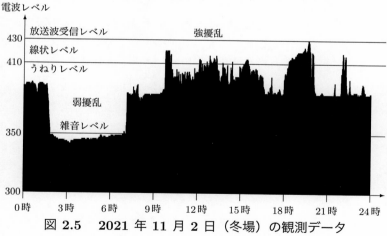

図 2.5　　2021 年 11 月 2 日（冬場）の観測データ

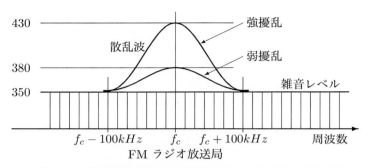

図 **2.6**　周波数に対する雑音レベル・散乱波（冬場）

2.4　まとめ

　筆者は，大地震とスポラディック E 層の振る舞いの 仮説 を検証するため，地震の前兆現象を観測するシステムを開発した。毎年決まって 1 月下旬から 2 月上旬頃にかけて，観測システムがフリーズする。この原因はプログラムのバグであると思われるが，よく分かっていない。

　筆者が開発した フロントエンド は，特殊な回路ではないため，Z80 系プロセッサなど開発し易いプロセッサによって製作可能である。毎日観測データをダウンロードすることができれば，PIC[7] でも可能である。従って，多くの興味ある読者（または，学生）がこのようなフロントエンドを製作して，ここで示したスポラディック E 層の振る舞いの仮説の検証や大地震前兆現象の観測に参加していただきたい。

7　 Peripheral Interfce Controller: CPU, ROM, RAM, I/O などを ワンチップ に収めた制御用コンピュータであり，安価で容易であるため広く利用されている。

3.　宮城沖地震の解析

　筆者の観測システムで得られた観測データ全体を眺めると，地震の規模 $M6.0$ を超える前兆現象は，これより小さな規模の前兆現象を抑えて，明確に現れていることが分かる。そこで，本章では，検知可能領域 内に起こった二つの宮城沖地震（2021 年 3 月 20 日の $M6.9$ および 2021 年 5 月 1 日の $M6.8$）について，前兆現象の開始日時および極大日時から地震発生日時などの推定を試みる。なお，これらに関連する $M5.0$ 以上の地震は付録 D から表 3.1 のようになっている。

表 3.1　宮城沖地震に関連する $M5.0$ 以上の地震

	発生日	発生時刻	震央地	規模
(8)	3 月 17 日	17 時 29 分	福島沖	$M5.3$
(9)	3 月 20 日	18 時 09 分	宮城沖	$M6.9$
(10)	3 月 28 日	9 時 27 分	八丈島近海	$M5.8$
(11)	4 月 18 日	10 時 27 分	宮城沖	$M5.8$
(12)	5 月 1 日	9 時 29 分	宮城沖	$M6.8$
(13)	5 月 5 日	3 時 10 分	福島沖	$M5.3$

3.1　2021 年 3 月 20 日の宮城沖地震

　図 3.1 は筆者の観測システムによって 2 月 25 日から 4 月 1 日までに得られた観測データについて，1 時間毎に受信レベル 400 を超えた分数を表した図である。図 3.2 は図 3.1 を基に 3 月 20 日に発生した宮城沖地震 $M6.9$ の前兆現象パターンを表した図である。図中の前兆現象の開始日時，極大日時，収束日時などの数値は，地震発生時刻を基に導き出した数値である。この観測データから，前兆現象の開始日時および極大日時を推定して，地震発生日時を予測する。

　まず，図 3.1 から分かるように，極大日時 3 月 9 日 0 時はほぼ推定可能である。開始日時の推定は，図 3.1 から 2 月 26 日 12 時，3 月 2 日 12 時，3 月 3 日 18 時が候補となる。ここで，3 月 2 日 12 時を選んだ場合，図 3.2 に示す数値のようになり，地震発生日時を確実に推定することができる。

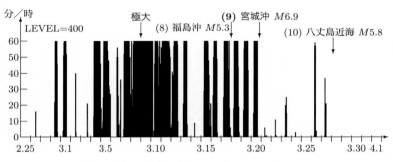

図 **3.1** **2021 年 2 月 25 日 ～ 4 月 1 日**

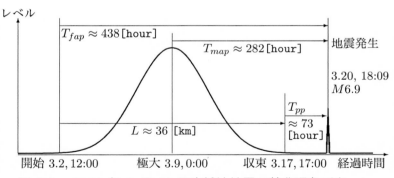

図 **3.2**　**2021 年 3 月 20 日宮城沖地震の前兆現象パターン**

　次に，2 月 26 日 12 時を選んだ場合，$t_m - t_s \approx 252$[hour] となり，次のように計算される。

$$T_{pp} \approx 120[\text{hour}], \quad T_{map} \approx 468[\text{hour}], \quad T_{fap} \approx 720[\text{hour}]$$

このときの地震発生日時の推定は，3 月 28 日 12 時となる。また，収束日時は $T_{map} - T_{pp} \approx 348$[hour] となり，3 月 23 日 12 時と計算される。一方，3 月 3 日 18 時を選んだ場合，$t_m - t_s \approx 126$[hour] となり，次のように計算される。

$$T_{pp} \approx 60[\text{hour}], \quad T_{map} \approx 234[\text{hour}], \quad T_{fap} \approx 360[\text{hour}]$$

このときの地震発生日時の推定は，3 月 17 日 18 時となる。同様に，収束日時は $T_{map} - T_{pp} \approx 174$[hour] となり，3 月 16 日 6 時と計算される。

　前兆現象の開始日時を 3 月 2 日として，前兆現象の総時間数を求めると $T_e \approx 177$[hour] となり，地震の規模は $M \approx 8.3$ と計算される。この場合，比例定数 a は 5 となる。レベルを LEVEL=400 から LEVEL=410 とすれば，$T_e \approx 131$ [hour] となり，$M \approx 8.0$ と計算される。また，LEVEL=420 とすれば，$T_e \approx 21$[hour] となり，$M \approx 6.4$ と計算される。ただし，$L \approx T_e$ として計算した。

3.2　2021 年 5 月 1 日の宮城沖地震

　図 3.3 は 4 月 2 日から 5 月 7 日までに得られた観測データについて，1 時間毎に受信レベル 410 を超えた分数を表した図である。図 3.4 は図 3.3 を基に 5 月 1 日に発生した宮城沖地震 $M6.8$ の前兆現象パターンを表した図である。同様に，図中の前兆現象の開始日時，極大日時，収束日時などの数値は，地震発生時刻を基に導き出した数値である。この観測データから，前兆現象の開始日時および極大日時を推定して，地震発生日時を予測する。

　まず，前兆現象の極大日時を計算し易いように 4 月 23 日 0 時と推定する。そして，開始日時の推定を 4 月 8 日 12 時，4 月 15 日 0 時，4 月 18 日 12 時を候補とする。4 月 8 日 12 時を選んだ場合，

$t_m - t_s = 372[\text{hour}]$ となり，次のように計算される。

$$T_{pp} \approx 177[\text{hour}], \quad T_{map} \approx 691[\text{hour}], \quad T_{fap} \approx 1063[\text{hour}]$$

このときの地震発生日時の推定は 5 月 12 日 19 時，収束日時は 4 月 29 日 10 時と計算される。次に，4 月 15 日 0 時を選んだ場合，$t_m - t_s = 192[\text{hour}]$ となり，次のように計算される。

$$T_{pp} \approx 91[\text{hour}], \quad T_{map} \approx 357[\text{hour}], \quad T_{fap} \approx 549[\text{hour}]$$

このときの地震発生日時の推定は 5 月 7 日 21 時，収束日時は 5 月 4 日 2 時と計算される。

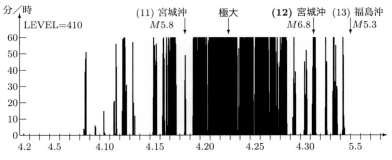

図 **3.3** **2021** 年 **4** 月 **2** 日〜 **5** 月 **7** 日

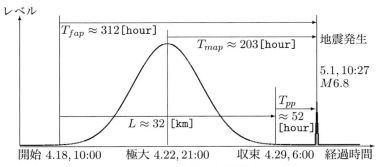

図 **3.4**　**2021** 年 **5** 月 **1** 日宮城沖地震の前兆現象パターン

しかしながら，4 月 18 日 10 時 27 分に $M5.8$ の宮城沖地震が起こっているので，4 月 15 日から 17 日の観測データはこの地震の前兆現象と見ることができる。そしてまた，5 月 1 日から 4 日の観測データは 5 月 5 日 3 時 10 分に起きた福島沖地震 $M5.3$ の前兆現象と見ることができる。そして，4 月 18 日の宮城沖地震 $M5.8$ が 5 月 1 日の宮城沖地震 $M6.8$ を引き起こし，次に 5 月 5 日の福島沖地震 $M5.3$ を引き起こしている。すなわち，地震の連鎖 が起きているように見える。このような連鎖が起こっていれば興味深いことである。

また，4 月 18 日 12 時を選んだ場合，$t_m - t_s = 108$ [hour] となり，次のように計算される。

$$T_{pp} \approx 51[\text{hour}], \quad T_{map} \approx 201[\text{hour}], \quad T_{fap} \approx 309[\text{hour}]$$

このときの地震発生日時の推定は 5 月 1 日 9 時，収束日時は 4 月 29 日 6 時と計算される。これらの結果から，地震発生日時が近い 4 月 18 日 12 時が前兆現象開始日時となるが，図 3.3 からこの日時を選択することは困難である。なお，極大日時を計算し易いように，4 月 23 日 0 時としたので，約 24 時間（約 1 日）の誤差を考えると，地震発生日時は約 44 時間の誤差となる。

さらに，前兆現象の開始日時を 4 月 18 日として，前兆現象の総時間数を求めると $T_e \approx 209$ [hour] となり，地震の規模は $M \approx 8.5$ と計算される。レベルを LEVEL=410 から LEVEL=420 とすれば，$T_e \approx 93$ [hour] となり，$M \approx 7.7$ と計算される。また，LEVEL=430 とすれば，$T_e \approx 29$ [hour] となり，$M \approx 6.7$ と計算される。ただし，同様に $L \approx T_e$ として計算した。ちなみに，LEVEL=400 とした場合，$T_e \approx 230$ となる。この場合，比例定数 a は 7 となる。

3.3　まとめ

　以上のように，前兆現象の開始日時をどのように選ぶかが今後の課題となる。また，検知可能領域内で起きた地震であるため，前兆現象の総時間数が大きく計算された。計算する場合に設定する LEVEL を変更するか，あるいは検知可能領域の場所によって $T_e \approx a \cdot L$ のように比例定数 a を設けるかが今後の課題である。これに関しては次章で述べる。また，図 3.3 に示す前兆現象から，三つの地震が影響し合う地震の連鎖 が起きていることは興味深い。

4.　福島沖地震の解析

　2022 年 3 月 16 日深夜に $M7.3$ の福島沖地震が発生し，新幹線や高速道路などにおいて大きな被害を出した。この地震は検知可能領域ぎりぎりの境界で発生した地震であり，この地震についての解析を進める。なお，この地震に関連すると思われる $M5.0$ 以上の地震は付録 D から表 4.1 のようになる。

表 4.1　福島沖地震に関連する $M5.0$ 以上の地震

	発生日	発生時刻	震央地	規模
(54)	3 月 5 日	7 時 30 分	三陸沖	$M5.0$
(55)	3 月 16 日	23 時 34 分	福島沖	$M6.3$
(56)	3 月 16 日	23 時 36 分	福島沖	$M7.3$
(57)	3 月 17 日	0 時 52 分	福島沖	$M5.6$
(58)	3 月 18 日	23 時 25 分	岩手沖	$M5.5$
(59)	3 月 19 日	0 時 58 分	福島沖	$M5.1$

4.1　2022 年 3 月 16 日の福島沖地震

　2022 年 3 月 16 日に発生した $M7.3$ の福島沖地震の前兆現象は図 4.1 のようになり，この前兆現象パターンは図 4.2 のようになる。図中の日時や時間数は，地震発生日時から求めた数値である。前兆現象の開始日時および極大日時を推定して，未知の地震発生日時を求めることを考える。なお，この前兆現象は，前章の宮城沖地震の場合と比較すると，日々の前兆現象が随分スリムである。

　まず，図 4.1 から前兆現象の開始日時を計算し易いように 3 月 7 日 12 時，極大日時を 3 月 11 日 0 時と推定する。このとき，$t_m - t_s \approx 84\,[\mathrm{hour}]$ が求められ，次のように計算される。

$$T_{pp} \approx 40[\text{hour}], \quad T_{map} \approx 156[\text{hour}], \quad T_{fap} \approx 240[\text{hour}]$$

このときの地震発生日時の推定は 3 月 17 日 12 時，収束日時は 3 月 15 日 20 時と計算される。実際の地震発生日時は 3 月 16 日 23 時であり，約 13 時間の誤差がある。

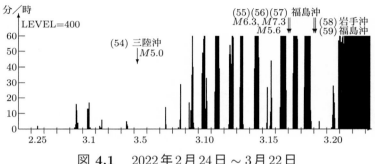

図 **4.1**　2022 年 2 月 24 日 〜 3 月 22 日

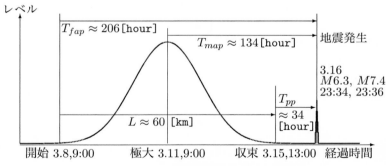

図 **4.2**　**2022 年 3 月 16 日福島沖地震の前兆現象パターン**

一方，図 4.1 から開始日時を 3 月 8 日 9 時，極大日時を 3 月 11 日 9 時と推定すると，$t_m - t_s \approx 72[\text{hour}]$ が求められ，次のように計算される。

$$T_{pp} \approx 34[\text{hour}], \quad T_{map} \approx 134[\text{hour}], \quad T_{fap} \approx 206[\text{hour}]$$

このときの地震発生日時の推定は 3 月 16 日 23 時頃, 収束日時は 3 月 15 日 13 時頃と計算される。地震の大きさに関してはかなり小さく計算された (後述) が, 地震発生日時はほぼ正確に求めることができる。なお, 3 月 16 日から 18 日の観測データは, 3 月 18 日の岩手沖地震 $M5.5$ および福島沖地震 $M5.1$ の前兆現象と見ることができる。そしてまた, この場合においても, 3 月 16 日の福島沖地震 $M7.3$ が 3 月 17 日および 3 月 18 日の岩手沖地震 $M5.5$ および福島沖地震 $M5.1$ を引き起こし, さらに 3 月 20 日以降の次の大きな地震の前兆現象へと繋がっている。いわゆる, 地震の連鎖 が起きているように見える。

さらに, 前兆現象の開始日時を 3 月 8 日として, 図 4.1 から前兆現象の総時間数を求めると $T_e \approx 38$ [hour] となり, 地震の規模は $M \approx 7.0$ と計算される。レベルを LEVEL=400 から LEVEL=390 とすれば, $T_e \approx 64$ [hour] となり, $M \approx 7.4$ と計算される。この場合も $L \approx T_e$ として計算した。

4.2　前兆現象の総時間数解析

前兆現象の 総時間数 T_e について, 前章の宮城沖地震は非常に大きく求められ, この福島沖地震では小さく求められた。この違いは, 宮城沖地震は検知可能領域内のほぼ中間に発生した地震であり, 福島沖地震は検知可能領域ぎりぎりの境界で発生した地震である。この位置関係は図 4.3 および付録 C 図 C.3 に示すようになる。破壊断層面 の長さ L と 総時間数 T_e の関係を $T_e \approx a \cdot L$ とした場合, 宮城沖地震では LEVEL=400 において $a \approx 6$ となる。図 4.3 に示すように, 比例定数 a は検知可能領域のほぼ中間で一番大きくなり, 境界では $a \approx 1$ となる。これは, ターゲット FM 放送局のアンテナの指向性により, 検知可能領域のほぼ中間で最大の電波強度となるからである。総時間数 T_e を正確に求めることができるようになれば, 地震の規模 M は

次式で推定できる。

$$M \approx \frac{\log_{10} L + 1.9}{0.5} \approx \frac{\log_{10} T_e - A + 1.9}{0.5} \qquad (A = \log_{10} a)$$

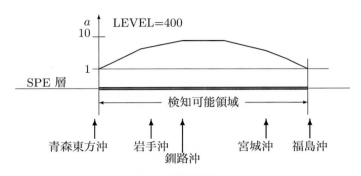

図 **4.3**　検知可能領域と震央との関係

4.3　まとめ

　3 月 16 日に起きた福島沖地震 M7.3 について解析を行った結果，3 月 8 日頃から前兆現象が始まり，3 月 11 日頃に極大，3 月 15 日頃に収束というようなパターンとなっている。この観測データから開始日時と極大日時を正確に求めることができれば，地震発生日時および収束日時を推定できることが分かる。そして，3 月 20 日頃から大きな前兆現象が出現している。これについては次章で解析を進める。また，前兆現象の総時間数について，破壊断層面の長さとの比例定数が明らかになれば地震の規模 M も推定できるようになる。さらに，震源地の推定は複数のターゲット FM 放送局による観測データによって絞り込むことができる。

5. 福島沖地震後の予測

3 月 16 日 23 時 36 分に発生した福島沖地震 $M7.3$ 後，3 月 20 日頃から大きな前兆現象が出現している。そこで，ここでは，1 週間単位の時系列で地震発生予測を試みる。

5.1 1 週目の予測

まず，3 月 16 日に発生した福島沖地震 $M7.3$ 後の観測データを図 5.1 に示す。これから，3 月 20 日頃から大きな前兆現象が現れていることが分かる。そこで，前兆現象の開始日時を 3 月 19 日 12 時とする。そして，3 月 31 日に観測データをダウンロードし，3 月 30 日までの観測データを用いて，地震発生日時を推定する。このとき，極大日時を解析し易い 3 月 25 日 0 時とすると，$t_m - t_s \approx 132[\text{hour}]$ となるので，

$$T_{pp} \approx 63[\text{hour}], \qquad T_{map} \approx 245[\text{hour}], \qquad T_{fap} \approx 377[\text{hour}]$$

と計算される。このとき，図 5.2 に示すように，収束日時は 4 月 2 日 14 時頃，地震発生日時は 4 月 4 日 5 時頃と推定し，観測データのパターンから宮城沖または関東方面と推定した。地震の規模は $T_e \approx 233[\text{hour}]$ と計算されたので，$M \approx 6.5\,(a = 10)$ と推定した。ここで，解析し易いように，極大時刻を 0 時としたので，約 1 日の幅を考えると，地震発生日時は 4 月 4 日 5 時以降約 2 日間以内となる。実際の地震発生日は 4 月 4 日 19 時 29 分に福島沖地震 $M5.1$ および 4 月 6 日 0 時 4 分福島沖地震 $M5.4$ が発生し，地震の規模が小さい。この前兆現象が，これらの二つの地震の前兆現象かどうか，以降の観測データを観察する必要がある。なお，4 月 4 日 22 時 30 分に千葉北西を震源地とする $M4.7$ の地震が発生している。

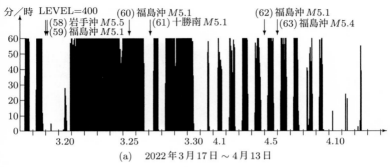

(a)　2022 年 3 月 17 日 〜 4 月 13 日

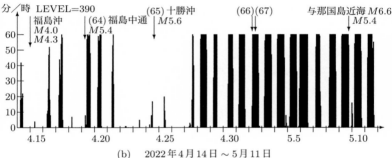

(b)　2022 年 4 月 14 日 〜 5 月 11 日

図 5.1　2022 年 3 月 16 日 の福島沖地震以後の観測データ

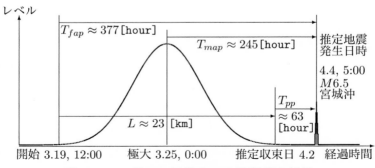

図 5.2　**3 月 31 日時点での地震推定結果**

5.2   2 週目の予測

4 月 7 日に観測データをダウンロードし，4 月 6 日までの観測デー タ全体を再度解析すると，3 月 20 日から 4 月 6 日の間に $M3.0$ 以上 の福島沖地震は以下のようになる。

```
3 月 20 日   11 : 38($M4.0$),   19 : 23($M4.1$),   22 : 16($M3.9$)
3 月 21 日   10 : 43($M4.0$),   14 : 22($M3.9$),   14 : 22($M3.8$)
3 月 22 日    8 : 12($M3.9$),   13 : 02($M3.8$),   15 : 08($M4.1$),   19 : 22($M3.6$)
3 月 23 日   11 : 11($M4.1$),   13 : 09($M4.6$),   17 : 02($M4.0$),   20 : 11($M4.3$)
3 月 24 日   13 : 59($M3.9$)
3 月 25 日   12 : 08($M5.1$),   15 : 31($M4.0$)
3 月 26 日    0 : 20($M4.5$),   10 : 20($M4.5$)
3 月 27 日    9 : 34($M4.2$),   12 : 06($M4.7$),   22 : 54($M4.7$)
3 月 28 日    2 : 14($M3.7$)
3 月 29 日    1 : 36($M4.6$)
3 月 30 日    4 : 51($M3.7$),   21 : 31($M4.0$)
4 月 1 日    2 : 54($M4.0$)
4 月 2 日   18 : 34($M4.1$)
4 月 3 日    9 : 31($M4.1$),   14 : 16($M3.9$)
4 月 4 日   19 : 29($M5.1$)
4 月 5 日    6 : 34($M4.0$)
4 月 6 日    0 : 04($M5.4$),   15 : 18($M4.3$)
```

地震発生回数は 34 回であり，これらの破壊断面積の長さの合計は 59.3[km]，地震規模は $M \approx 7.3$（3 月 16 日の福島沖地震の規模とほ ぼ同じ）に達する。同様に，福島沖地震領域に近い宮城沖地震につい ては以下のようになる。

```
3 月 20 日   14 : 46($M4.0$),   15 : 36($M4.0$),   22 : 13($M4.1$)
3 月 21 日   10 : 54($M4.0$),   22 : 21($M4.1$)
3 月 22 日   18 : 28($M3.8$),   22 : 50($M3.9$)
3 月 23 日   19 : 46($M4.0$)
3 月 24 日   21 : 08($M3.9$)   23 : 02($M3.8$)
3 月 26 日   11 : 19($M3.7$)   13 : 15($M3.9$)
3 月 28 日   17 : 01($M3.7$)
3 月 29 日   14 : 05($M4.0$)
4 月 2 日    7 : 36($M3.9$)
4 月 3 日    5 : 17($M4.3$),   14 : 38($M4.0$)
```

地震発生回数は 17 回であり，破壊断面積の長さの合計は 20.4[km]，地震規模は $M \approx 6.4$ となる。このことから，3 月 20 日から 4 月 6 日までの福島沖地震および宮城沖地震は，付録 B 図 B.5 に示すような 群発地震 と考えられる。一般に，大きな地震の後には，これと同程度以下の 余震 が起こるが，これとは異なるようである。

　このような 群発地震 について，次のような 仮説 が成立するのではないだろうか。まず，3 月 16 日 23 時 34 分に起こった $M6.3$ の福島沖地震によって，2 分後に起こった $M7.3$ の福島沖地震を誘発した。すなわち，後の福島沖地震は，4 月 6 日頃に起こる地震であったが，2 分前に起きた地震によって，誘発し早まった。このため，中途半端な破壊断面積となり，3 月 20 日から 4 月 6 日までの間に，中途半端な破壊断面積の破壊が群発地震として表れた。もし，後の地震が 4 月 6 日頃に起こっているとすれば，もっと大きな地震規模（約 $M8.1$[1]）になっていたと思われる。なお，3 月 27 日 8 時 15 分に検知可能領域内の十勝南地震 $M5.1$ が起きているが，地震規模としてはかなり小さい値である。

5.3　3 週目の予測

　3 月 31 日以降を次の地震発生の前兆現象を考える。4 月 14 日に観測データをダウンロードし，4 月 13 日までの観測データを用いて，地震発生日時を推定する。まず，前兆現象の開始日時を 3 月 31 日 12 時とする。そして，極大日時を解析し易い 4 月 5 日 12 時とすると，$t_m - t_s \approx 120$[hour] となるので，

$$T_{pp} \approx 57\text{[hour]}, \qquad T_{map} \approx 223\text{[hour]}, \qquad T_{fap} \approx 343\text{[hour]}$$

---

[1]　福島沖地震 $M7.3$ を含むこれ以降の福島沖地震および宮城沖地震の破壊断面積の長さの合計 $L = 57.7 + 4.5 + 59.3 + 20.4 = 140.3$[km] から $M \approx 8.1$ となる。

と計算される。このとき，図 5.3 に示すように，収束日時は 4 月 12 日
10 時頃，地震発生日時は 4 月 14 日 19 時頃と推定し，観測データの
パターンから福島沖と推定した。ここで，極大日時を解析し易い 4 月
5 日 12 時としたので，約 1 日のずれを考えれば，地震発生日時は 4 月
14 日 19 時から 16 日 19 時頃となる。地震の規模は，$T_e \approx 200$[hour]
と計算され，$a = 10$ とおいて $M = 6.4$ と計算される。実際には，4
月 15 日 1 時 24 分に $M4.0$，3 時 25 分に $M4.3$ が発生し，推定より
かなり小さな地震であった。ちなみに，この二つの地震が同時に発生
していれば，地震規模は $M4.8^2$ となる。なお，群発地震は 4 月 6 日
頃に収束している。

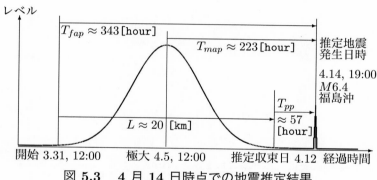

図 5.3   4 月 14 日時点での地震推定結果

5.4   4 週目の予測

4 月 21 日に観測データをダウンロードし，4 月 20 日までの観測
データを用いて解析を進める。まず，4 月 19 日 8 時 16 分に福島と
茨城の県境付近で発生した福島中通地震（内陸地震）$M5.4$ は検知可
能領域外であり，14 日から 17 日まで小さな前兆現象として表れてい

---

[2] $M4.0$ および $M4.3$ の破壊断面積の長さはそれぞれ $L = 1.3$[km] および
$L = 1.8$[km] となり，これらの和 $L = 3.1$[km] から $M4.8$ が求められる。

るだけである。あるいは，4 月 15 日以降，次の地震の前兆現象が表れ始めていると考え，4 月 16 日 6 時を開始日時，4 月 19 日 6 時を極大日時とすれば，$t_m - t_s \approx 72$[hour] となるので，

$$T_{pp} \approx 34[\text{hour}], \qquad T_{map} \approx 134[\text{hour}], \qquad T_{fap} \approx 206[\text{hour}]$$

と計算される。このとき，図 5.4 に示すように，収束日時は 4 月 23 日 10 時頃，地震発生日時は 4 月 24 日 20 時頃と推定する。そして，観測データのパターンから震源地は福島沖，地震の規模は，$T_e \approx 9$[hour] と計算されるので，$M \approx 5.7 \,(a = 1)$ と推定する。実際には，4 月 24 日 17 時 16 分に関東方面ではなく，検知可能領域内の十勝沖地震 $M5.6$ が発生し，3 時間のずれがあった。

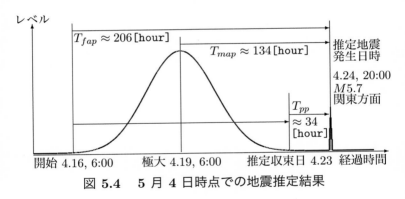

図 5.4   5 月 4 日時点での地震推定結果

5.5 5 週目の予測

4 月 28 日に観測データをダウンロードし，4 月 27 日までの観測データを用いて解析を進める。この場合，4 月 23 日 12 時頃から次の地震の前兆現象が始まっていると思われる。しかしながら，極大日時が観測できないので，この時点では地震発生日時などの推定ができない。

5.6　6 週目の予測

　5 月 5 日に観測データをダウンロードし，5 月 4 日までの観測データを用いて解析を進める。この場合，4 月 27 日 12 時頃から次の地震の前兆現象が始まっている。極大日時は明確ではないが，5 月 2 日 12 時頃と推定すると，$t_m - t_s \approx 96[\text{hour}]$ となるので，

$$T_{pp} \approx 46[\text{hour}], \qquad T_{map} \approx 178[\text{hour}], \qquad T_{fap} \approx 274[\text{hour}]$$

と計算される。このとき，収束日時は 5 月 8 日 0 時頃，地震発生日時は 5 月 9 日 22 時頃と推定される。また，極大日時を 3 日 12 時頃とすれば，地震発生日時は 5 月 11 日 19 時頃と推定される。前兆現象のパターンから福島沖と推定し，$T_e \approx 80[\text{hour}]$ と計算されるので，$M \approx 7.6\ (a = 1)$ と推定される。実際には，図 5.1 に示すように，5 月 9 日 15 時 23 分に与那国島近海地震 $M6.6$ が発生した。しかし，かなり遠方であり，今後同じような現象が起こるかどうか確認する必要がある。

5.7　7 週目の予測

　5 月 12 日に観測データをダウンロードし，5 月 11 日までの観測データを用いて解析を進める。図 5.1 (b) の 4 月 27 日以降について再度解析すると，4 月 27 日〜 29 日は 5 月 2 日に起きた硫黄島近海地震 $M5.9$ および鳥島近海地震 $M5.5$ の前兆現象と見られる。次に，4 月 30 日〜 5 月 6 日は 5 月 8 日に起きた与那国島近海地震 $M6.6$ および $M5.4$ の前兆現象と見られる。5 月 7 日以降は次に起こるだろう地震の前兆現象と見られる。そこで，地震開始日時を 5 月 7 日 0 時，極大日時を 5 月 10 日 0 時とすると，$t_m - t_s \approx 72[\text{hour}]$ となるので，$T_{pp} \approx 34[\text{hour}]$, $T_{map} \approx 143[\text{hour}]$, $T_{fap} \approx 206[\text{hour}]$ と計算される。このとき，収束日時は 5 月 14 日 4 時頃，地震発生日時は 5 月 15

日 14 時頃と推定される。極大日時を 1 日後とすれば，地震発生日時は 5 月 18 日 10 時頃となる。また，11 日までについて $T_e \approx 59$ と計算されるので，地震の規模は，遠方地震であれば $M5.3\,(a = 10)$ 以上，または福島沖地震であれば $M7.3\,(a = 1)$ 以上と推定する。実際には，18 日 6 時 17 分に検知可能領域付近の青森東方沖地震 $M5.2$（付録 D 参照）が発生した。なお，5 月 19 日に観測データをダウンロードし前兆現象を解析すると，14 日頃に収束するとともに次の前兆現象が始まっている。

　以上によって，1 週間単位の時系列解析については終了する。

5.8　まとめ

　3 月 16 日に起きた福島沖地震 $M7.3$ 後の 3 月 20 日頃から大きな前兆現象が出現している。これについては，3 月 16 日の福島沖地震 $M7.3$ による群発地震であることが明らかになり，4 月 6 日頃まで続いている。さらに，これ以降 1 週間単位の時系列で地震発生日時および地震の規模を推定してみた。この結果，地震発生日時はほぼ推定できるが，地震規模の推定は実際よりかなり小さい値であった。震源地の推定は，観測データが一つであるため不可能であった。しかし，震源地については，複数のターゲット FM ラジオ放送局による観測データから絞り込むことが可能である。そしてまた，それぞれに求められた 1 時間毎の設定レベルを超えた同時刻の分数どうしを積算することによって，前兆現象がさらに浮き上がって捕らえ易くなる。

　以上から，観測データから開始日時と極大日時を正確に求めることができれば，地震発生日時および収束日時を推定できることが分かる。本方式はまだ発展途上であり，種々の観測を行い，地震予報を確実なものにしていきたいものである。

6.　遠方地震の解析

　スポラディック E 層の振る舞いの 仮説 は，（弱）攪乱状態にある場合，雑音の VHF 帯電波を反射する。これを検証するため，2022 年 1 月 4 日に発生した父島近海地震 $M6.3$ の前兆現象について解析を進める。なお，この地震に関連すると思われる $M5.0$ 以上の地震は付録 D から表 6.1 のようになる。また，この地震以降 3 月初めまでに $M5.0$ 以上の地震が発生していない。

表 6.1　父島近海地震に関連する $M5.0$ 以上の地震

	発生日	発生時刻	震央地	規模
(48)	12月8日	2時29分	福島沖	$M5.0$
(49)	12月8日	16時22分	福島沖	$M5.0$
(50)	12月12日	12時31分	茨城南	$M5.0$
(51)	12月27日	9時12分	硫黄島近海	$M5.4$
(52)	1月4日	6時09分	父島近海	$M6.3$

6.1　遠方地震の前兆現象

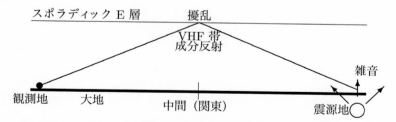

図 6.1　スポラディック E 層による雑音の VHF 帯成分反射

　震源地が遠方の場合，図 6.1 に示すように，震源地と観測点とのほぼ中間上のスポラディック E 層において，（弱）攪乱が起こっていれ

ば，震源地から発せられる雑音電波の VHF 帯成分は反射する。従って，FM ラジオ受信機では，雑音の上昇となり，図 2.6 の雑音レベルが全体的に上昇する。このような原理によって，遠方の大地震の前兆現象を捕らえることができる。しかしながら，(弱) 擾乱が起こっていなければ，前兆現象を捕らえることができない。

6.2　2022 年 1 月 4 日の父島近海地震

　まず，付録 D から分かるように，この地震発生後約 1 ヶ月間 $M5.0$ 以上の地震が発生していない。このため，図 6.2 の前兆現象は，2022 年 1 月 4 日に発生した $M6.3$ の父島近海地震によるものと考えられる。この地震の前兆現象は図 6.2 のようになり，この前兆現象パターンは図 6.3 のようになる。図中の日時や時間数は，地震発生日時から求めた数値である。この場合における前兆現象の開始日時および極大日時を推定して，未知の地震発生日時を求めることを考える。

　まず，図 6.2 の前兆現象について，宮城沖地震の前兆現象と比較すると，前兆現象が途切れていることが分かる。すなわち，12 月 17 日，18 日，19 日の前半，21 日，26 日後半，27 日，30 日，1 月 1 日は，スポラディック E 層の (弱) 擾乱が起きていないと考えられる。従って，前兆現象の極大日時を 12 月 23 日 0 時，開始日時を 12 月 16 日 0 時と推定すると，$t_m - t_s \approx 168[\text{hour}]$ が求められ，次のように計算される。

$$T_{pp} \approx 40[\text{hour}], \quad T_{map} \approx 312[\text{hour}], \quad T_{fap} \approx 480[\text{hour}]$$

このときの地震発生日時の推定は 1 月 5 日 0 時，収束日時は 1 月 1 日 3 時と計算される。実際の地震発生日時は 1 月 4 日 6 時であり，約 18 時間のずれとなる。

　次に，前兆現象の総時間数を求めると $T_e \approx 166[\text{hour}]$ となり，大きな値である。(弱) 擾乱が起こっていない分が加算されていないの

で，さらに大きな値となる。従って，この場合の破壊断面積の長さは，$L \approx 18\,[\mathrm{km}]$ であるから，比例定数は $a \approx 9.2$ 以上となる。

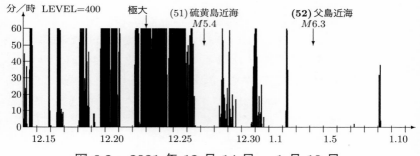

図 6.2　2021 年 12 月 14 日 ～ 1 月 10 日

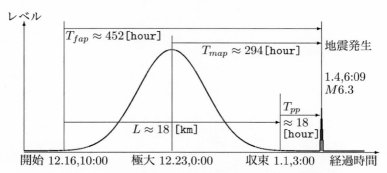

図 6.3　2022 年 1 月 4 日父島近海地震の前兆現象パターン

6.3　まとめ

　高い周波数の電波は，直線性 および 透過性 が高く遠方まで届く。従って，FM ラジオ受信機で用いる VHF 帯電波は空中線電力が小さくても障害物がなければ遠方まで届く。雑音電波でも同様であり，震源地で発生した雑音電波のうち，高い周波数の雑音電波は遠方まで届

くことになる。さらに，スポラディック E 層が（弱）擾乱状態にあれ
ば，雑音電波はこれによって反射し，さらに遠方まで届くことになる。
本章では，この仮説を明らかにするため，父島近海で発生した地震の
前兆現象を観測できるか示したものである。

2021 年 12 月末に観測されたデータは，父島近海で発生した地震の
前兆現象としか考えることができないものである。なぜならば，この
地震発生後約 1 ヶ月間 M5.0 以上の地震が発生していないためであ
る。これによって，本方式において遠方の大地震予知も可能であるこ
とがわかる。ただし，ほぼ中間のスポラディック E 層が（弱）擾乱状
態でなければならない。このように考えると，図 3.1 の 3 月 21 日か
ら 3 月 27 日までの観測データは， 3 月 28 日 9 時 27 分に八丈島近
海で発生した M5.8 の地震の前兆現象であると推察できる。そして，
この場合 3 月 24 日および 25 日にはスポラディック E 層の（弱）擾
乱が起こっていなかったと推察できる。

7.　その他の地震解析

　本章では，付録 D に示す地震のうち，前章までに取り上げなかった地震について，$M6.0$ 以上の地震を中心に 3 日程度の前兆現象を目安に解析を試みる。

7.1　4 月 30 日〜 6 月 17 日の地震解析

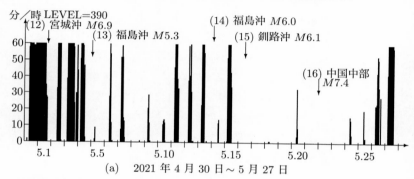

(a)　2021 年 4 月 30 日〜 5 月 27 日

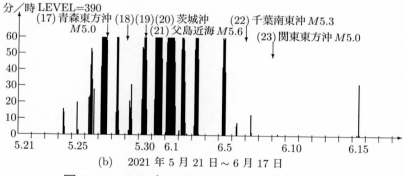

(b)　2021 年 5 月 21 日〜 6 月 17 日

図 7.1　2021 年 4 月 30 日〜 6 月 17 日

　第 3 章で解析した 5 月 1 日の宮城沖地震 6.9 以降の地震発生は，図 7.1 に示すようになる。ここで，設定レベルは冬場から夏場への中間

であるため，LEVEL=390 を用いた。この図から，5 月 5 日の福島沖
地震 $M5.3$ の前兆現象は 5 月 2 日から 5 月 4 日である。

次に，5 月 14 日の福島沖地震 $M6.0$ および 5 月 16 日の釧路沖地
震 $M6.1$ において，5 月 12 日 12 時を極大日時，5 月 8 日 12 時とす
れば，$t_m - t_s \approx 96$[hour] となり，次のようになる。

$$T_{pp} \approx 46\text{[hour]}, \quad T_{map} \approx 178\text{[hour]}, \quad T_{fap} \approx 274\text{[hour]}$$

このときの地震発生日時の推定は 5 月 16 日 12 時，収束日時は 5 月
15 日 10 時と計算される。従って，前兆現象パターンは図 7.2 のよう
になる。この場合，5 月 14 日の福島沖地震 $M6.0$ の前兆現象は釧路
沖地震 $M6.1$ に吸収されてしまっている。ここで，釧路沖地震は，検
知可能領域内地震である。同様に，5 月 24 日から 28 日までは，5 月
27 日の青森東方沖地震 $M5.0$ および 5 月 29 日に三回の茨城沖地震
$M5.3, M5.0, M5.6$ の前兆現象である。なお，5 月 22 日の中国地方中
部地震 $M7.4$ の前兆現象は捕らえてられていない。

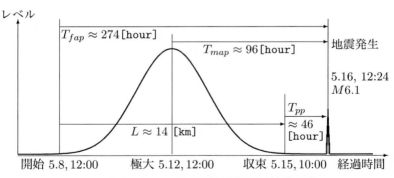

図 7.2   2021 年 5 月 16 日釧路沖地震の前兆現象パターン

7.2　9 月 14 日〜 12 月 13 日の地震解析

　2021 年 9 月 14 日〜12 月 13 日までの観測データはそれぞれ図 7.3
および図 7.4 に示すようになる。ここで，設定レベルについて，夏場か
ら冬場へのデータであるため，図 7.3 (a) では LEVEL=380 を，(b) で
は LEVEL=390 を用いた。また，図 7.4 では LEVEL=400 を用いた。

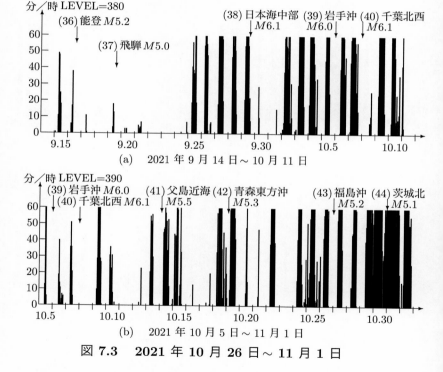

(a)　2021 年 9 月 14 日〜 10 月 11 日

(b)　2021 年 10 月 5 日〜 11 月 1 日

図 **7.3**　**2021 年 10 月 26 日〜 11 月 1 日**

　まず，図 7.3 において，9 月 29 日の日本海中部（秋田沖）地震 $M6.1$
の前兆現象は 9 月 24 日から 29 日である。10 月 6 日の岩手沖地震
$M6.0$ および 10 月 7 日の千葉北西部地震（内陸）$M6.1$ の前兆現象

は重なっており，10 月 1 日から 5 日頃である。また，10 月 14 日の
父島近海地震 M5.5 の前兆現象は 10 月 8 日から 10 日であり，10 月
19 日の青森東方沖地震 M5.3 の前兆現象は 10 月 17 日および 18 日
である。さらに，10 月 27 日の福島沖地震 M5.2 の前兆現象は 10 月
23 日から 26 日である。

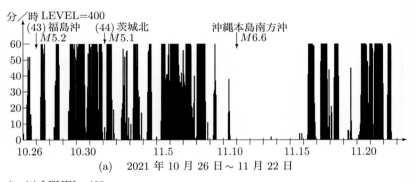

(a)   2021 年 10 月 26 日～ 11 月 22 日

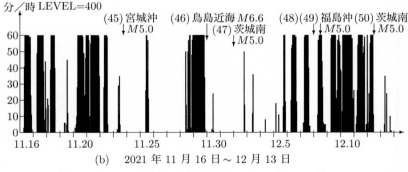

(b)   2021 年 11 月 16 日～ 12 月 13 日

図 7.4   2021 年 10 月 26 日～ 12 月 13 日

　次に，11 月 1 日の茨城北部地震（内陸）M5.1 の前兆現象は 10 月
27 日から 30 日である。この地震以降の 11 月 1 日から 11 月 10 日ま
で大きな前兆現象が現れている。調査の結果，東日本および北日本で
は M5.0 以上の地震が起こっておらず，唯一 11 月 11 日 0 時 45 分に

沖縄本島南方沖地震 $M6.6$ が発生していた。この地震の前兆現象であれば，かなり遠方の大地震の前兆現象を捕らえていることになる。ただし，スポラディック E 層が（弱）擾乱している場合である。この場合，開始日時が明確でないが，収束日時は 11 月 8 日 20 時とすれば，$T_{pp} \approx 52 [\text{hour}]$ となるから，$T_{map} \approx 203 [\text{hour}]$ となり，極大日時は 11 月 2 日 13 時となる。また，$T_{fap} \approx 312 [\text{hour}]$ となり，開始日時は 10 月 29 日 0 時となる。すなわち，この前兆現象パターンは，図 7.5 のようになり，ほぼ一致している。

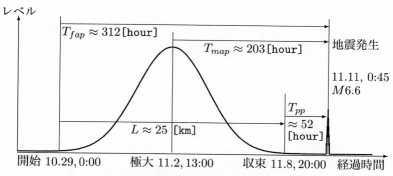

図 **7.5**　沖縄本島南方沖地震の前兆現象パターン

　さらに，11 月 23 日の宮城沖地震 5.0 の前兆現象は 11 月 15 日から 11 月 23 日までであり，付録 C 図 C.2 または図 C.3 に示すような二つの極大となるパターンとなっていることが分かる。また，12 月 2 日の茨城南地震 5.0 の前兆現象は 11 月 28 日から 30 日，および 12 月 12 日の茨城南地震 5.0 の前兆現象は 12 月 8 日から 11 日までであり，12 月 8 日の 2 回の福島沖地震 $M5.0$ の前兆現象は 12 月 15 日から 17 日までである。なお，図 7.4 の観測データの続きは，図 6.2 である。

7.3　まとめ

　初版において，多くの地震の前兆現象が重なって，解析が不可能とした が，1 時間毎の設定レベル（LEVEL）を超えた分数のグラフで表 すと，前兆現象が浮かび上がり，各地震の前兆現象を捉らえ易くなっ た。また，複数の地震の前兆現象が重なっている場合，後に起こる地 震の前兆現象に吸収されてしまう。さらに，沖縄本島南方沖で発生し た地震の前兆現象も捉らえていることは，非常に興味深い。このよう に，震源地が海底である場合，前兆現象が大きく表れるように思われ る。これから，次のような 仮説 が成り立つのではないだろうか。す なわち，海水は陸地に比べ伝導率が高いので，断層面の圧縮・破壊に よって発生した地電流が海水の上層部に流れ，これによって雑音パル スの VHF 帯電波成分がかなり遠方まで伝播する。これを検証するた め，さらなる観測データの解析が必要になる。

8.　最後に

　本書では，筆者が開発した観測システムによって得られた観測データについて，1時間毎に設定レベルを超えた分数のグラフで表すと，$M6.0$ を超える地震の前兆現象が容易に捕らえることができた。そこで，2021年3月以降 $M6.0$ を超える地震について，前兆現象の開始日時と極大日時から地震発生日時の推定，地震の規模の推定を試みた。

　まず，第2章は筆者が開発した観測システムの構成と観測データ例，および前兆現象におけるスポラディック E 層の振る舞いの仮説を述べた。筆者が開発した フロントエンド は，特殊な回路ではないため，Z80系プロセッサなど開発し易いプロセッサによって製作可能である。

　第3章では，ターゲット FM ラジオ放送局の放送電波による検知可能領域内の地震である宮城沖地震の解析例を示した。検知可能領域内で起きた地震であるため，前兆現象の総時間数が大きく計算された。計算する場合に設定レベルを変更するか，あるいは検知可能領域の場所によって比例定数を設けるかが今後の課題である。

　第4章では，検知可能領域の外側ぎりぎりの場所で発生した福島沖地震の解析を行った。この観測データは第3章で示した宮城沖地震よりスリムであるが，開始日時と極大日時から地震発生日時，収束日時，地震の大きさを推定することができた。

　第5章では，3月16日に起きた福島沖地震 $M7.3$ 後において，3月20日頃から大きな前兆現象が出現しており，これについて3月16日の福島沖地震 $M7.3$ による群発地震であることを明らかにした。さらに，これ以降1週間単位の時系列で地震発生日時および地震の規模を推定してみた。この結果，地震発生日時はほぼ推定できるが，地震

の規模については推定より実際の規模はかなり小さい値であった。

第 6 章では，高い周波数の電波は，直線性 および 透過性 が高く遠方まで届く。従って，FM ラジオ受信機で用いる VHF 帯電波は空中線電力が小さくても障害物がなければ遠方まで届く。雑音電波でも同様であり，震源地で発生した雑音電波のうち，高い周波数の雑音電波は遠方まで届くことになる。この仮説を明らかにするため，父島近海で発生した地震の前兆現象を観測できるか示した例である。

第 7 章では，その他 2021 年 2 月以降 $M6.0$ 以上の地震における前兆現象の解析を試みた。初版において，多くの地震の前兆現象が重なって，解析が不可能としたが，1 時間毎の設定レベルを超えた分数のグラフで表すと，前兆現象が浮かび上がり，各地震の前兆現象を捕らえ易くなった。

以上，本書は初版 "地震予報は可能"（ブックコム）の続報として，観測データについて 1 時間毎の設定レベルを超えた分数のグラフで表すと，容易に前兆現象を捕らえることができるようになった。この方法が確立できれば，複数のターゲット FM ラジオ放送局による観測データから，震源地を絞り込むことができる。そしてまた，それぞれに求められた 1 時間毎の設定レベルを超えた同時刻の分数どうしを積算することによって，前兆現象がさらに浮き上がって捕らえ易くなる。このような手法を用いれば，AI[1] などによる自動検出も可能になる。本書によって，地震予報がより進むことを期待する。

---

[1] Artificial Intelligence: 人工知能，推論機械ともいう

付録 **A** 雑音解析

　一般に雑音は **デルタ関数** $\delta(t - x)$ [1] として取り扱われる。実際の雑音は，幅 τ のある波形である。そこで，雑音を図 A.1 に示すような単一の **矩形波** または **三角波** として表した場合（**孤立波** という），**フーリエ変換** を行って解析を進める。

　まず，単一矩形波を $g(t) = E \ (x - \frac{\tau}{2} \leq t \leq x + \frac{\tau}{2})$ とすれば，このフーリエ変換は次式となる。

$$
\begin{aligned}
G(f) &= \int_{-\infty}^{\infty} g(t) \cdot e^{-j\,2\pi ft}\,dt = \int_{x-\frac{\tau}{2}}^{x+\frac{\tau}{2}} E \cdot e^{-j\,2\pi ft}\,dt \\
&= \left[\frac{E}{-j2\pi f} \cdot e^{-j\,2\pi ft} \right]_{x-\frac{\tau}{2}}^{x+\frac{\tau}{2}} = E\tau \cdot \frac{\sin(\pi f\tau)}{\pi f\tau} \cdot e^{-j\,2\pi fx}
\end{aligned}
$$

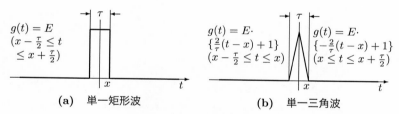

(a)　単一矩形波　　　　(b)　単一三角波

図 **A.1**　単一波形

同様に，単一三角波

$$
g(t) = \begin{cases} E \cdot \left\{ \frac{2}{\tau} \cdot (t - x) + 1 \right\} & (x - \frac{\tau}{2} \leq t \leq x) \\ E \cdot \left\{ -\frac{2}{\tau} \cdot (t - x) + 1 \right\} & (x \leq t \leq x - \frac{\tau}{2}) \end{cases}
$$

のフーリエ変換は次式となる。

$$
G(f) = \int_{-\infty}^{\infty} g(t) \cdot e^{-j\,2\pi ft}\,dt
$$

---

[1]　時刻 x で幅 τ，高さ h の矩形波において，$h \cdot \tau = 1$ を固定して $\tau \to 0$ とした仮想的な関数である。

$$= \int_{x-\frac{\pi}{2}}^{x} E \cdot \{\frac{2}{\tau} \cdot (t-x) + 1\} \cdot e^{-j\,2\pi ft}\, dt$$

$$+ \int_{x}^{x+\frac{\pi}{2}} E \cdot \{-\frac{2}{\tau} \cdot (t-x) + 1\} \cdot e^{-j\,2\pi ft}\, dt$$

$$= \cdots (\text{途中省略}) = E\tau \cdot \frac{1 - \cos(\pi f\tau)}{(\pi f\tau)^2} \cdot e^{-j\,2\pi fx}$$

周波数 f に対する絶対値 $|G(f)|$ のグラフは図 A.2 のようになる。ここで，周波数の正領域（$0 \sim \infty$）と負領域（$-\infty \sim 0$）は $f = 0$ で対称な波形である。そして，単一矩形波の場合，$|G(f)|$ は周波数が $f = \frac{n}{\tau}$ でゼロ点をとる。単一三角波の場合においても同様であり，周波数が $f = \frac{2n}{\tau}$ でゼロ点をとる。

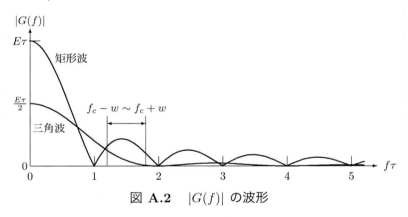

図 **A.2** $|G(f)|$ の波形

一方，フーリエ変換式 $G(f)$ を用いて元の波形（フーリエ逆変換）$g(t)$ は次式で表される。

$$g(t) = \int_{-\infty}^{\infty} G(f) \cdot e^{j2\pi ft}\, df$$

すなわち，周波数領域を積分することによって元の波形となる。

次に，ラジオ受信機は，周波数 f_c を中心とする前後の範囲 $f_c - w \sim f_c + w$（帯域幅）の周波数を増幅する。この場合，雑音成分 $N(f_c)$ は

次の積分で求められる。

$$N(f_c) = \int_{f_c-w}^{f_c+w} G(f) \cdot e^{j2\pi ft}\, df + \int_{-(f_c+w)}^{-(f_c-w)} G(f) \cdot e^{j2\pi ft}\, df$$

従って，$t \approx x$ での雑音を単一矩形波であるとすれば，上式は以下となる。

$$
\begin{aligned}
N(f_c) &= \int_{f_c-w}^{f_c+w} E\tau \cdot \frac{\sin(\pi f\tau)}{\pi f\tau} \cdot e^{-j2\pi fx} \cdot e^{j2\pi ft}\, df \\
&\quad + \int_{-(f_c+w)}^{-(f_c-w)} E\tau \cdot \frac{\sin(\pi f\tau)}{\pi f\tau} \cdot e^{-j2\pi fx} \cdot e^{j2\pi ft}\, df \\
&= 2E\tau \cdot \int_{f_c-w}^{f_c+w} \frac{\sin(\pi f\tau)}{\pi f\tau} \cdot \cos\{2\pi f(t-x)\}\, df \\
&\approx 4w \cdot E\tau \cdot \frac{\sin(\pi f_c\tau)}{\pi f_c\tau}
\end{aligned}
$$

この雑音成分 $N(f_c)$ は，単一矩形波の周波数成分の一部である。同様に，単一三角波の場合，以下となる。

$$
\begin{aligned}
N(f_c) &= 2E\tau \cdot \int_{f_c-w}^{f_c+w} \frac{1-\cos(\pi f\tau)}{(\pi f\tau)^2} \cdot \cos\{2\pi f(t-x)\}\, df \\
&\approx 4w \cdot E\tau \cdot \frac{1-\cos(\pi f_c\tau)}{(\pi f_c\tau)^2}
\end{aligned}
$$

従って，帯域増幅における 帯域幅 $f_c-w \sim f_c+w\ (=2w)$ を広くすれば，雑音成分 $N(f_c)$ が大きくなる。帯域幅を狭くすることによって，雑音成分 $N(f_c)$ は小さくなり，抑圧されることになる。例えば，AM ラジオの帯域は 9[kHz]（$w = 4.5$[kHz]）であり，FM ラジオの帯域は 200[kHz]（$w = 100$[kHz]）である。従って，AM ラジオ受信機より FM ラジオ受信機の方が雑音を多く取り込むことになる。しかし，FM ラジオ受信機で放送波を受信したとき，中間周波増幅回路の リミッタ増幅 が働き，雑音はかなり抑圧される。

　次に，種々の雑音のパルス幅 τ は場合によって異なるので，そのフーリエ変換 $|G(f)|$ がゼロ点をとる周波数も異なる。従って，全周

波数領域に一様ではないが，図 A.2 に示すように，高い周波数に対して減少する分布となる。もし，雑音パルス幅がほぼ一定であれば，周波数領域においてフーリエ変換 $|G(f)|$ は図 A.2 に示すように極大値をとることになる。

　なお，FM ラジオ受信機で 80[MHz] を受信する場合，$f\tau < 0.5$ では $\tau < \frac{0.5}{80} = 6.25[ns]$ となる。一般に高い周波数の電波は，低い周波数の電波に比べ 直線性 および 透過性 が高く，遠方まで届く。また，建物などの障害物に反射し易い。すなわち，FM ラジオ受信機の VHF 帯電波雑音は，AM ラジオ受信機の MF 帯電波雑音よりかなり遠方まで届くことになるとともに，散乱によって建物の奥深くまで届く。

付録**B**　前兆現象パターン

　串田氏の経験則によって求められた前兆現象パターンは，図 B.1 から図 B.5 に示すようになる。特に，図 B.5 は，前兆現象収束前に何らかの影響で地震が発生し，断層面の破壊が中途半端であるため，その部分の破壊が起きて **群発地震** となる。

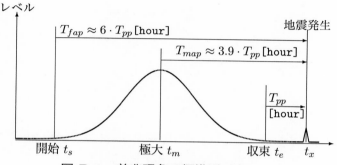

図 **B.1**　前兆現象の標準形パターン

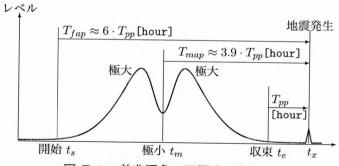

図 **B.2**　前兆現象の双極大パターン

46

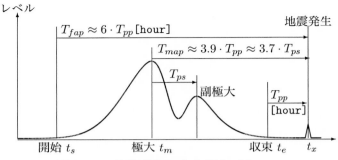

図 B.3　前兆現象の大小極大パターン

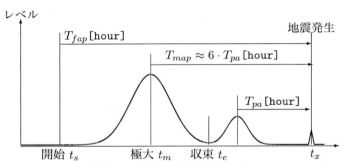

図 B.4　前兆現象の収束後に前兆現象が現れるパターン

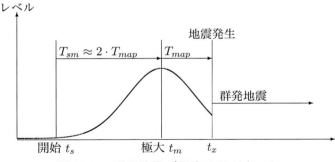

図 B.5　群発地震が発生するパターン

付録C　検知可能領域

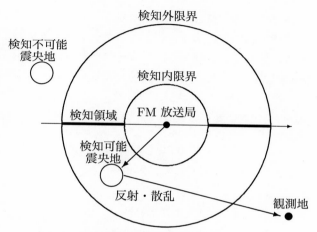

図 C.1　前兆現象検知圏（Top View）

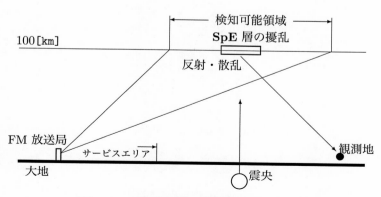

図 C.2　前兆現象検知圏（Side View）

地震発生領域（震央）は，図 C.1 および図 C.2 に示すように，ターゲット FM ラジオ放送局から二つの同心円の間が 検知可能領域 である。電波出力によって二つの同心円が異なるが，電波出力（空中線電力 という）が 100[W] 未満または 1[kW] 以上のターゲット FM ラジオ放送局では前兆現象を観測できないとしている。これは，送信アンテナの構造とその指向性による。そして，ターゲット FM ラジオ放送局を増やして，前兆現象が観測されたターゲット FM ラジオ放送局の同心円を重ねて描き，交わっている部分が地震の発生推定領域（震央地）となる。なお，函館 FM ラジオ放送局における検知可能領域と地震発生領域との関係は図 C.3 のようになる。

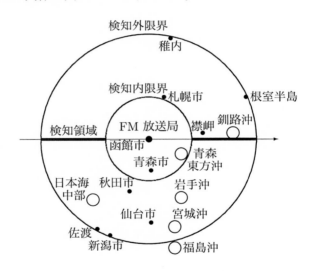

図 C.3　地震発生領域の位置関係（Top View）

付録 D   *M*5.0 以上の地震

2021 年 2 月以降に発生した東日本および北日本で発生した *M*5.0 以上の地震は以下のようになる。なお，この地域以外で発生した *M*5.0 以上の地震について，番号を付けないで記載した。

	発生月日	発生時刻	震央地	規模
	2021 年			
(1)	2 月 13 日	23 時 08 分	福島沖	*M*7.1
(2)	2 月 13 日	23 時 51 分	福島沖	*M*5.1
(3)	2 月 14 日	3 時 25 分	岩手沖	*M*5.1
(4)	2 月 14 日	16 時 31 分	福島沖	*M*5.2
(5)	2 月 15 日	21 時 26 分	福島沖	*M*5.3
(6)	2 月 20 日	22 時 23 分	青森東方沖	*M*5.0
(7)	3 月 3 日	6 時 23 分	青森東方沖	*M*5.8
(8)	3 月 17 日	17 時 29 分	福島沖	*M*5.3
(9)	3 月 20 日	18 時 09 分	宮城沖	*M*6.9
(10)	3 月 28 日	9 時 27 分	八丈島近海	*M*5.8
(11)	4 月 18 日	9 時 29 分	宮城沖	*M*5.8
(12)	5 月 1 日	10 時 27 分	宮城沖	*M*6.6
(13)	5 月 5 日	3 時 10 分	福島沖	*M*5.3
(14)	5 月 14 日	8 時 58 分	福島沖	*M*6.0
(15)	5 月 16 日	12 時 24 分	釧路沖	*M*6.1
(16)	5 月 22 日	3 時 04 分	中国中部	*M*7.4
(17)	5 月 27 日	16 時 37 分	青森東方沖	*M*5.0
(18)	5 月 29 日	8 時 21 分	茨城沖	*M*5.3
(19)	5 月 29 日	9 時 05 分	茨城沖	*M*5.0
(20)	5 月 29 日	10 時 03 分	茨城沖	*M*5.6
(21)	5 月 30 日	14 時 24 分	父島近海	*M*5.6

50

	発生月日	発生時刻	震央地	規模
(22)	6月7日	3時10分	千葉南東沖	$M5.3$
(23)	6月9日	0時29分	関東東方沖	$M5.0$
(24)	6月9日	22時9分	岩手沖	$M5.0$
(25)	6月20日	20時08分	北海道・上川中	$M5.4$
(26)	6月28日	18時12分	父島近海	$M5.5$
(27)	7月10日	5時24分	福島沖	$M5.0$
(28)	7月16日	13時20分	八丈島近海	$M5.5$
(29)	7月26日	8時58分	青森東方沖	$M5.1$
(30)	7月31日	14時26分	北海道・空知南	$M5.0$
(31)	8月4日	5時33分	茨城沖	$M6.0$
(32)	8月4日	5時43分	茨城沖	$M5.6$
(33)	8月4日	11時56分	茨城沖	$M5.0$
(34)	8月4日	13時40分	茨城沖	$M5.8$
(35)	8月22日	11時24分	福島沖	$M5.2$
(36)	9月16日	18時42分	能登	$M5.2$
(37)	9月19日	17時18分	飛騨	$M5.0$
(38)	9月29日	17時37分	日本海中部	$M6.1$
(39)	10月6日	2時46分	岩手沖	$M6.0$
(40)	10月7日	22時41分	千葉北西	$M6.1$
(41)	10月14日	8時44分	父島近海	$M5.5$
(42)	10月19日	10時19分	青森東方沖	$M5.3$
(43)	10月27日	1時28分	福島沖	$M5.2$
(44)	11月1日	6時14分	茨城北	$M5.1$
	11月11日	0時45分	沖縄本島南方沖	$M6.6$
(45)	11月23日	18時48分	宮城沖	$M5.0$
(46)	11月29日	21時41分	鳥島近海	$M6.6$
(47)	12月2日	1時58分	茨城南	$M5.0$
(48)	12月8日	2時29分	福島沖	$M5.0$
(49)	12月8日	16時22分	福島沖	$M5.0$
(50)	12月12日	12時31分	茨城南	$M5.0$
(51)	12月27日	9時12分	硫黄島近海	$M5.4$

	発生月日	発生時刻	震央地	規模
	2022年			
(52)	1月4日	6時09分	父島近海	*M*6.3
(53)	2月18日	11時55分	宮城沖	*M*5.2
(54)	3月5日	7時30分	三陸沖	*M*5.0
(55)	3月16日	23時34分	福島沖	*M*6.3
(56)	3月16日	23時36分	福島沖	*M*7.3
(57)	3月17日	0時52分	福島沖	*M*5.6
(58)	3月18日	23時25分	岩手沖	*M*5.5
(59)	3月19日	0時58分	福島沖	*M*5.1
(60)	3月25日	12時08分	福島沖	*M*5.1
(61)	3月27日	8時15分	十勝南	*M*5.1
	3月30日	2時26分	沖縄本島北西沖	*M*5.5
	3月30日	3時01分	沖縄本島北西沖	*M*5.0
(62)	4月4日	19時29分	福島沖	*M*5.1
	4月4日	22時30分	千葉北西	*M*4.7
(63)	4月6日	0時04分	福島沖	*M*5.4
	4月13日	10時22分	沖縄本島北西沖	*M*5.7
(64)	4月19日	8時16分	福島中通	*M*5.4
(65)	4月24日	17時16分	十勝沖	*M*5.6
(66)	5月2日	6時58分	硫黄島近海	*M*5.9
(67)	5月2日	12時14分	鳥島近海	*M*5.5
	5月7日	20時54分	沖縄本島北西沖	*M*5.7
	5月9日	15時23分	与那国島近海	*M*6.6
	5月9日	16時46分	与那国島近海	*M*5.4
(68)	5月18日	6時17分	青森東方沖	*M*5.2

索 引